Energia Renovável

Você Também Pode Fazer a Diferença!

por

Owen Jones

Tradutor:
Kelly Maxwell

Energia Renovável

DIREITO AUTORAL

Publicado por Megan Publishing Services
https://meganthemisconception.com

Olá e obrigado por comprar este e-book chamado *'Energia Renovável - Você também pode fazer a diferença!'*.

Diante das mudanças climáticas e da necessidade urgente de transição para práticas sustentáveis, o papel das energias renováveis nunca foi tão crítico. A boa notícia é que você tem o poder de fazer parte dessa jornada transformadora. Bem-vindo ao "Energia Renovável - Você também pode fazer a diferença!" - Um guia projetado para capacitá-lo com conhecimentos práticos e passos práticos para um futuro mais verde e sustentável.

Nestas páginas exploraremos o mundo das diversificadas fontes de energia renováveis, desde a energia solar e eólica até a energia hidrelétrica e geotérmica. Desvendaremos os benefícios que eles oferecem, não apenas para o nosso meio ambiente, mas também para sua casa ou empresa. Você aprenderá como a adoção de energia renovável pode levar à redução das contas de energia, ao aumento da independência energética e à redução da pegada de carbono.

Mas não para por aí. Vamos nos aprofundar nas etapas práticas que você pode tomar para integrar soluções de energia renovável em sua vida diária. Se você é proprietário de uma casa, proprietário de uma empresa ou simplesmente alguém apaixonado pelo planeta, este livreto fornecerá conselhos claros e práticos sobre como fazer escolhas sustentáveis que se alinhem com seus objetivos e valores.

A jornada em direção a um futuro mais verde começa com você. Juntos, podemos aproveitar o poder das energias renováveis para criar um mundo mais limpo e sustentável para as próximas gerações. Então, vamos embarcar nessa jornada de empoderamento e descobrir como você também pode fazer uma diferença significativa por meio das energias renováveis!

Atenciosamente,
Owen Jones

Owen Jones

ÍNDICE

1. CONVERTER SEU LAR EM UMA CASA SOLAR

Quando se trata de converter a sua casa numa casa solar, existem várias opções, porque nem todos os lares têm os mesmos problemas, os mesmos requisitos ou as mesmas potenciais fontes de energia sustentáveis. Por isso, se você vai tentar uma conversão total ou mesmo sair completamente da rede elétrica, precisará fazer alguma pesquisa ou chamar um especialista para fazer uma pesquisa para você.

Se você chamar um especialista, tente obter um independente, para que você possa calcular os custos para satisfazer suas necessidades de energia sozinho. Você terá que pagar por tal pesquisa, naturalmente, mas você mesmo pode realizar um relatório com um pouco de trabalho de sua parte. Para criar uma casa solar, você pode achar o resto deste artigo interessante.

Existem fundamentalmente dois tipos de projeto solar: energia solar passiva e ativa. A energia solar passiva pode ser usada para fornecer aquecimento, refrigeração e luz natural para a sua casa. A energia solar ativa é usada para alimentar eletrodomésticos, ferramentas e iluminação. É a combinação ideal desses dois tipos de energia solar que você tentará alcançar, se estiver tentando converter sua casa em uma casa solar.

Você pode usar métodos de energia solar passiva de várias maneiras, embora sejam mais facilmente incorporados durante a fase de construção de uma nova casa. A maior área de vidro deve estar voltada para o sul ou a até 30 graus do sul. Isso irá ocasionar maior captura de calor. Esse calor pode, então, circular pela casa por pisos de pedra e paredes de pedra.

O duto de aquecimento central e o ventilador de caldeira podem ser usados para auxiliar, se necessário. Se a casa ficar muito quente no verão, toldos ou até mesmo os painéis solares podem ser baixados para sombrear as janelas. Ao considerar energia solar passiva, você deve tentar pensar em meios de fornecer calor e frescor sem usar eletricidade. Por exemplo, uma claraboia no topo da escada permitirá que o ar mais quente da casa escape, já que o ar quente sobe. Isso fará com que o ar mais frio seja sugado para dentro da casa em níveis mais baixos.

A outra característica de uma casa solar é a geração de eletricidade pelo uso de painéis solares agrupados em conjuntos. Os painéis solares fazem uso de células fotovoltaicas para converter luz em energia. Esta energia pode então ser usada para alimentar aparelhos elétricos do dia-a-dia de todos os tipos ou, alguma, ou toda, pode ser armazenada em baterias para uso posterior. A conversão de CA (corrente alternada) para CC (corrente contínua) e vice-versa, se necessária, é um assunto simples.

A energia solar também pode ser usada para aquecer a água da piscina ou da casa. O tipo mais comum de sistema usa tubos cheios com uma espécie de anticongelante para coletar o calor do sol e passá-lo para tanques de água por meio de um trocador de calor.

Uma casa solar usa eficiência energética para reduzir a necessidade de aquecimento, refrigeração e eletricidade. O uso de alto isolamento, janelas, eletrodomésticos e iluminação mais eficientes em termos energéticos do que os usados em casas tradicionais, lhe pouparão muito dinheiro e energia.

Como você pode ver, algumas dessas modificações, particularmente as passivas, são estruturais, muito difíceis de aplicar em muitas casas, mas sempre há algo que você pode fazer para reduzir suas contas de energia e lentamente converter sua casa em uma casa solar.

2. COMO REDUZIR NOSSO VÍCIO EM PETRÓLEO

O mundo está em rota de colisão com o desastre com referência à sua dependência do petróleo desde pelo menos a Segunda Guerra Mundial que terminou há quase setenta anos! Como se isso não bastasse, para atravessar s mentes de nossos "líderes", fomos lembrados com a Crise de Suez nos anos sessenta, a Crise do Petróleo dos anos setenta e os problemas com Saddam Hussein e o Iraque nos anos noventa e dois mil.

E ainda não aprendemos. Nossos sucessivos governos de todas as cores apenas fecharam os olhos para o nosso consumo de petróleo e permitiram que seus amigos das indústrias de combustíveis fósseis nos açoitassem com o que eles extraíram ou perfuraram do planeta. Por que o Ocidente não planejou pesquisas em larga escala sobre tecnologias alternativas, como energia geotérmica, eólica e solar?

A resposta só pode ser ganância e interesse pessoal. Certamente eles sabiam que os combustíveis fósseis nunca se tornariam mais baratos? O que uma "commodity" faz quando está em oferta cada vez menor? Esses caras são especialistas em capitalismo - eles sabiam que, com a diminuição da oferta e o aumento da demanda econômica de três bilhões de chineses e indianos, o preço da energia só poderia subir. E não devagar, também.

Em vez de sermos mais ou menos autossuficientes em nossas necessidades energéticas, após setenta anos de advertências, nós, no Ocidente, dependemos tanto de países perigosos ou instáveis do Oriente Médio como sempre. Talvez ainda mais do que antes, embora alguns governos tenham começado a procurar o colete salva-vidas agora que a água está realmente se infiltrando sob a porta da cabine.

Eles continuam apenas esperando que o navio não vá afundar. Eles não podem garantir isso com qualquer grau de certeza. Se a Rússia desligasse o gás e o petróleo secasse, a França poderia ter que parar de vender eletricidade gerada por energia nuclear e, como estaria a Europa? Os Estados Unidos, embora não dependam da Rússia e da França para gás natural e eletricidade, não ficariam muito atrás na fila para urgentemente comprar combustíveis fósseis.

Precisamos de ações positivas de pessoas com visão e determinação. Nenhum político do século XX provou que tem isso. Não eleja mais nenhum deles. Experimente candidatos mais jovens, mais arrojados e menos ricos. O que diabos estamos fazendo, elegendo barões do petróleo para consertar uma crise de combustível que eles orquestraram por cem anos? E por que estamos elegendo membros de famílias de banqueiros ricos para resolver um problema que eles criaram?

A lógica da população votante nos Estados Unidos e na Europa é incompreensível. Exceto para os políticos. Eles sabem que nos comportamos estupidamente no passado e engolimos todas as suas mentiras e desculpas. Vamos provar que eles estão errados da próxima vez e mandar estes sujeitos embora!

Nós, os cidadãos do mundo, não precisamos de mentirosos, ladrões, corruptos e egoístas, incompetentes para arruinar o mundo para nós. Poderíamos fazer isso sozinhos, se quiséssemos. Vamos dar a uma nova geração de jovens políticos a chance de administrar nossa economia, mas fiquem de olho neles.

Não vamos permitir que eles se safem de nada como fizemos com os últimos. Nós, os eleitores, tiramos os olhos da bola e vejam o que temos para a nossa complacência: um meio ambiente arruinado e uma economia arruinada!

3. ENERGIA NUCLEAR - É UMA SOLUÇÃO ECOLÓGICA?

O Ocidente consome muito mais do que seu quinhão de combustíveis fósseis. A América tem a maior taxa de consumo per capita e tem que parar, ou melhor, ser reduzida. Como um país rico, a América está comprando recursos raros de países pobres apenas porque tem dinheiro para fazê-lo.

Esse tipo de comportamento ganancioso dos governos ocidentais em nome de seu povo não é apenas injusto, mas também imoral. Isso equivale a uma família rica comprando produtos do mercado negro durante o racionamento, enquanto o resto da população está lutando para viver sem eles. É permitir que os ricos façam o que querem e não se preocupar com o futuro dos países mais pobres.

Isso já é ruim o suficiente, mas a falta de uma política energética sensata dos governos ocidentais está arruinando o meio ambiente global. Os gases de efeito estufa que são criados até a exaustão no Ocidente não conhecem fronteiras. A poluição pode ser transportada pelo ar ou pelo mar. Estamos poluindo países que não estão causando nenhum ou pouco dano ao seu próprio meio ambiente. Isso é justo?

O excesso de gases de efeito estufa tem o efeito de aquecer o clima global no ar e no mar. Aqueles de nós que vivem em países frios podem pensar que a mudança climática é maravilhosa, mas e aquelas pessoas que vivem em países quentes? Seus países poderiam ficar tão quentes ou tão secos devido ao aquecimento global que não poderiam mais produzir alimentos suficientes para se alimentar. Isso não é justo.

O "smog" e a poluição andam de mãos dadas com o excesso de gases de efeito estufa e produzem doenças, especialmente doenças respiratórias e alergias, mas, novamente, não apenas no país que produziu a poluição. O uso excessivo de combustíveis fósseis também aumenta seu preço. Os países ricos não gostam de ter que pagar mais, mas podem. /Os países pobres devem pagar o mesmo preço, mas não podem pagar.

Outro problema que vem de ser excessivamente dependente dos combustíveis fósseis tradicionais é que nenhum dos países ocidentais é autossuficiente neles. Isso significa que as potências industriais ocidentais dependem e podem ser feitos reféns dos vendedores desses combustíveis. Os países que vendem combustível tendem a ser países subdesenvolvidos, ditatoriais e instáveis. Então, na verdade, são esses países que dão as ordens em nossos países e continuarão a fazê-lo até que sejamos autossuficientes.

Muitos países se voltaram para fontes alternativas de energia "tradicionais", como energia eólica, solar e geotérmica, porque as usinas nucleares são mal vistas devido a problemas no Reino Unido, Rússia, América e Japão ao longo das décadas. No entanto, a geração de energia nuclear pode ser o único caminho a seguir quando se considera as enormes quantidades de eletricidade de que precisamos para continuar e melhorar nossos estilos de vida.

A França e a Finlândia, entre outras, tiveram estratégias de usinas nucleares muito bem-sucedidas, então parece que chegou a hora de dar outra olhada no uso de estações de reatores nucleares para alimentar a rede elétrica nacional, enquanto se usa energia solar, eólica e geotérmica localmente.

4. *VISÃO GERAL DA ENERGIA ALTERNATIVA*

Parece que esforços significativos para encontrar as melhores fontes alternativas de energia estão sendo feitos por muitos países, bem como pelos EUA e até mesmo por muitas das cidades americanas. Uma prova disso é a assinatura do Tratado de Quioto, cujo principal objetivo é reduzir os gases de efeito estufa e os poluentes.

As fontes de energia sustentáveis provaram ser de grande ajuda na redução da quantidade de poluentes, que são na maioria subprodutos do uso de combustíveis fósseis. As fontes sustentáveis também conservam os recursos naturais que as pessoas usam como fontes de energia. Quais são os tipos mais comuns de energia renovável? Aqui está uma lista para lhe dar um conhecimento básico do assunto.

1. Energia Solar. Isso funciona usando os raios do sol

para carregar baterias de energia solar. O processo converte a luz proveniente do sol em eletricidade. Quando os raios solares atingem os painéis solares térmicos, a energia é usada para aquecer o ar ou a água. Os raios do sol também podem atingir espelhos parabólicos. Este processo pode produzir vapor pelo aquecimento de água. Mas você não precisa de todos esses processos científicos para se beneficiar da energia solar. Tudo o que você precisa fazer é abrir as janelas e persianas do seu quarto para deixar o sol entrar. Você terá um aquecedor instantâneo sem ter que usar nenhum meio para a conversão desse suprimento de energia.

Até o momento, a principal desvantagem do uso da energia solar é que ela é restrita. Você não pode usá-lo à noite ou durante os dias em que está chovendo, ou mesmo nublado. Isso foi parcialmente melhorado através do uso de usinas de energia solar. Mas elas são tão caras que não há muitas.

2. Energia Eólica. A energia do vento gira as pás das turbinas eólicas para produzir eletricidade. A eletricidade é produzida através do uso de um gerador elétrico. Antigamente, os moinhos de vento eram usados para que as máquinas pudessem substituir o trabalho físico humano. Isso incluía o

bombeamento de água e a moagem de grãos, que eram importantes para a agricultura.

Agora existem parques eólicos de grande escala que produzem eletricidade. O produto final é então disperso através das redes elétricas nacionais e pequenos sistemas privados para distribuir eletricidade para áreas distantes e residências. Há muitos benefícios nesse tipo de energia. O principal, é claro, é que não cria nenhum subproduto prejudicial ao meio ambiente. E nunca ficaremos sem essa fonte de energia renovável.

3. Energia geotérmica. Isso vem do subsolo. Os buracos são perfurados em locais estratégicos e as rochas quentes abaixo produzem vapor. Ele é então purificado para ser usado para acionar turbinas. Este último, então, se torna uma fonte de energia para geradores elétricos.

Para garantir que nenhum subproduto prejudicial seja criado no procedimento, as usinas geotérmicas devem ser projetadas com cuidado, mas, uma vez instaladas, são autossuficientes na criação de energia.

4. Energia Hidrelétrica. Essa energia é criada através do uso de represas que retêm água para acionar

geradores e turbinas de água. A energia das marés também pode ser usada se uma barragem não for adequada. A ideia aqui é fazer uso da energia cinética da água.

Se você ler sobre as fontes alternativas de energia disponíveis, ficará surpreso com quanto a natureza pode fazer milagres. É seu dever cuidar de tudo ao seu redor.

5. MANEIRAS SIMPLES DE ECONOMIZAR ENERGIA EM CASA

Como todos sabemos, às nossas custas, literalmente, as contas de combustível para nossas casas aumentam todos os anos. No entanto, você já parou para examinar exatamente por que isso acontece? Claro, os preços da energia subiram novamente, mas essa é a história toda? Poderia haver outros fatores em jogo, não poderia?

À medida que uma casa envelhece, é mais difícil manter a temperatura certa e, da mesma forma, à medida que um aparelho envelhece, ele também se esforça para ser tão eficiente quanto era quando novo com a mesma quantidade de energia. Não só isso, mas os aparelhos mais novos também são feitos para serem mais eficientes.

Portanto, dê uma olhada abaixo, na lista de maneiras simples de economizar energia em casa e veja se há algo que você possa fazer para reduzir um pouco suas contas de energia e economizar eletricidade e dinheiro ao mesmo tempo.

As primeiras coisas a verificar são suas janelas e portas. Eles ainda se encaixam corretamente? Pode parecer uma pergunta tola, mas as casas podem se mover um pouco com o tempo, especialmente se forem novas ou se houver uma seca ou inundação recentemente. As janelas e portas de madeira podem encolher bastante em climas muito secos, assim como as suas molduras, fazendo com que o aquecimento ou arrefecimento da sua casa seja afetado.

A porta ou janela pode sair da moldura, mas a moldura também pode sair da parede. Percebi isso na minha última casa apenas quando a redecorei. Tirei o papel de parede e pude ver do lado de fora sob as janelas da minha sala de estar. A única coisa entre mim e a neve lá fora era um pedaço de papel!

A maneira adequada de corrigir isso é com cimento e, em seguida, gesso ou preenchimento fino, mas uma alternativa decente, se for mais cara, é preencher o vazio com selante ou silicone de tubo. Todas essas coisas podem ser compradas em um depósito de construção ou em uma loja de ferragens. Isso matará essas correntes de ar não identificadas e impedirá que os insetos entrem para se abrigar ao mesmo tempo.

Quando suas portas e janelas se encaixarem perfeitamente nos orifícios que foram feitos para elas, mantenha as portas fechadas se não precisar que elas estejam abertas, caso contrário, você estará aquecendo ou resfriando um cômodo que não está ocupando. Da mesma forma, quando escurecer lá fora, feche as cortinas para manter o calor dentro ou fora. Cortinas pesadas são as mais eficientes para este trabalho de isolamento.

Você tem um ventilador de teto? Você alterna as lâminas a cada estação? A maioria dos ventiladores de teto tem lâminas reversíveis ou um motor reversível para torná-los mais eficientes. No inverno, você quer sugar o ar aquecido para você e, no verão, você quer soprar o ar quente para cima e para longe. Não se esqueça: o ar quente sobe.

Enquanto você tem esse trabalho em mente, por que não reverter o colchão também? Muitos têm um lado mais denso para o inverno e um menos denso para o verão. Da mesma forma, se tiver um piso de azulejos, pode remover os tapetes no verão para obter o benefício do seu efeito de resfriamento e recolocá-los no inverno para isolamento.

E por último, mas não menos importante, na nossa lista de maneiras simples de economizar energia em casa: tenha seus sistemas de aquecimento e resfriamento limpos e revisados todos os anos na estação em que não são necessários, se você deixar até o último minuto, pagará os olhos da cara, como a maioria das pessoas, que descobrem no primeiro dia que precisam que o aparelho não está funcionando (bem).

6. DECLARE INDEPENDÊNCIA CONSTRUINDO SEUS PRÓPRIOS PAINÉIS SOLARES

Como você gostaria de sair da rede elétrica? Que sonho, hein? Infelizmente, continuará sendo um sonho para muitas pessoas, porque o custo de ter painéis solares instalados profissionalmente dificilmente justifica o gasto. Muitos especialistas calculam que pode levar bem mais de 10 anos para recuperar o custo da instalação profissional de painéis solares. Isso está muito além das possibilidades da maioria dos proprietários de casas, que exigiriam que o investimento tivesse um retorno dentro de três a cinco anos. Isso não vai acontecer num futuro próximo, mesmo com o rápido aumento do custo da eletricidade.

No entanto, existe uma alternativa. Todo mundo sabe que o elemento de mão de obra em qualquer trabalho profissional é equivalente ou até excede o custo dos materiais nesse trabalho, então você pode economizar metade do custo apenas instalando os painéis solares você mesmo. Que tal economizar mais 50% ou mais no preço dos painéis solares montando-os você mesmo também?

Agora estamos entrando no reino onde o custo de um sistema de energia solar viável para tomar o lugar da eletricidade estatal é exequível. Ele pode até se pagar em alguns anos, reduzindo sua dependência da rede elétrica ou até mesmo permitindo que você saia dela completamente. Você sabia que a rede elétrica também comprará seu excedente de eletricidade?

Isso pode parecer fantasia, mas não é tão difícil se você tiver planos e/ou um kit de painel solar. Na verdade, as peças necessárias para fazer seus próprios painéis solares são bastante comuns atualmente e você poderá buscá-las em sua loja de ferragens local ou lojas especializadas em eletrônica e materiais para "hobbies" como a Radio Shack. Se você acha que isso consome muito tempo, pode simplesmente comprar um kit. Esses kits são tão descomplicados que qualquer adolescente deveria ser capaz de montar um.

Mais tarde, após concluir um kit ou dois, você pode

ter a confiança para comprar as peças separadamente, o que economizará ainda mais dinheiro. Um desses kits seria suficiente para alimentar algumas ferramentas em seu galpão ou as luzes em sua garagem, ou uma bomba no lago, ou piscina. Se você agrupar vários deles, poderá começar a reduzir a dependência da sua casa da rede elétrica apenas aproveitando a energia do sol. Não seria maravilhoso?

Os painéis solares existem há muito tempo e, portanto, as pessoas se lembram de quando precisavam de luz solar forte para serem úteis, mas a conscientização pública não acompanhou a taxa de melhoria tecnológica. Os painéis solares são muito mais sensíveis agora e podem produzir eletricidade a partir da luz usando poderosas células fotovoltaicas (PVs) - eles não precisam mais da luz do sol forte para funcionar.

Então, se você quiser seguir o caminho da independência da rede elétrica, a primeira coisa que você precisa fazer é identificar o desenho ou plano do conjunto de painéis, ou um kit. Você também pode obtê-los em sua lojas especializadas em eletrônica e materiais para "hobbies" ou em um site especializado em fontes de energia sustentáveis, ou alternativas.

Após ter todas as suas peças e seus planos, levará apenas algumas horas livres para montar seu painel solar e fazê-lo funcionar para você. O próximo levará ainda menos tempo à medida que você se acostumar

7. COMO ECONOMIZAR ENERGIA

Nossa conta de energia elétrica, a junção das contas de eletricidade e gás, é de longe a maior conta em nossas vidas. A hipoteca pode custar mais, mas pelo menos você fica com um prédio, o dinheiro gasto pagando todas as contas de energia simplesmente vira fumaça.

No entanto, você poderia imaginar uma vida sem energia? Isso significaria voltar cem anos atrás, quando a casas comuns não tinham nem gás nem eletricidade. Se você puder reduzir seu consumo de energia e, portanto, sua conta de energia, isso poderá criar ótimas economias.

Cerca de metade da nossa conta de energia é composta pela utilização dos nossos equipamentos de aquecimento e resfriamento. Portanto, esta é a área para começar a economizar. A primeira coisa a fazer é garantir que você obtenha retorno pelo seu dinheiro, permitindo que os sistemas de aquecimento e resfriamento ofereçam retorno pelo dinheiro.

Portanto, limpe os filtros do soprador pelo menos uma vez por mês, para que ele não precise trabalhar tanto soprar o ar através do filtro. Verifique seus radiadores ou grades pelo menos duas vezes por ano também.

Certifique-se de que eles não estão cheios de poeira ou mesmo bloqueados. As grelhas devem ser cuidadosamente limpas e aspiradas. Os radiadores devem ser lavados e drenados de todo o ar. Certifique-se de que o calor dos seus radiadores não sobe por trás da cortina para manter apenas a janela quente. Não coloque os móveis em frente aos radiadores ou sobre as grades de aquecimento sob o piso.

Inspecione as configurações dos seus termostatos. Procure se contentar com um grau a menos de aquecimento e deixe seu quarto aquecer um grau a mais ao resfriar. Garanto que você não notará a mudança em sua pele, mas sim em seu bolso. Use uma blusa de malha no inverno e uma camisa mais fina no verão.

Se você usar ventiladores no banheiro e na cozinha, não os deixe funcionando sem motivo. Vinte minutos após ter terminado de cozinhar ou tomar banho são mais do que suficientes.

Se você ainda estiver usando lâmpadas incandescentes, troque-as por lâmpadas fluorescentes de longa duração e baixa energia. Desligue as lâmpadas incandescentes quando sair da sala, mas as lâmpadas fluorescentes custam mais para ligar do que para permanecerem ligadas, dentro do razoável. Esta sugestão pode poupar muito dinheiro todos os anos.

Trabalhe perto de uma janela, se puder. Abra as cortinas e os forros completamente, a fim de obter a maior quantidade de economia de energia, luz do dia grátis.

Desligue os aparelhos e desconecte-os da tomada quando não estiverem em uso. O modo de espera usa mais eletricidade do que apenas manter aquela pequena luz vermelha acesa, muito mais. O mesmo acontece com os carregadores de bateria. Os carregadores de bateria do telefone consomem energia mesmo quando não há bateria no carregador.

Lavar as roupas é uma área para economias

significativas, especialmente se você usar a máquina de lavar todos os dias. Use um pó para água fria e você economizará uma fortuna em aquecimento da água - até 90% dos custos de lavagem. Sempre lave com a máquina cheia, ou diminua a quantidade de água para se adequar à quantidade a ser lavada.

Quando for à geladeira, feche a porta imediatamente. Não a mantenha aberta enquanto estiver bebendo ou a falando, isto vale em dobro para o congelador. Verifique as vedações das portas quanto a vazamentos ou rachaduras. Se as formigas entraram, o ar saiu. Tente manter o seu refrigerador/congelador cheios; sai mais barato do que manter litros e litros de ar frio.

Isole a sua casa de forma adequada. Isole as portas e janelas para parar as correntes de ar, mas acima de tudo, isole o sótão. Isso produz o maior custo-benefício em economia de energia elétrica doméstica. Se você tiver um porão ou um piso elevado, tome cuidado para vedar correntes de ar também, colocando jornais sob seus tapetes.

8. ENERGIA NUCLEAR: SER OU NÃO SER?

Não há dúvida de que temos que parar de queimar combustíveis fósseis, não apenas devido ao aquecimento global, mas porque os combustíveis fósseis estão realmente acabando e se tornando muito caros. A questão é: o que vamos usar em vez disso? As energias solar, marítima e eólica são muito tentadoras, mas no momento provavelmente não são confiáveis o suficiente para basear uma economia nacional.

Nesse caso, o trabalho pesado no que diz respeito ao fornecimento de eletricidade para a rede elétrica nacional provavelmente teria que ser feito por usinas nucleares modernas. No entanto, isso não significa que as localidades não devam usar todos os recursos à sua disposição. Pelo contrário, as comunidades locais devem procurar formas de sair da rede elétrica, gerando eletricidade a partir de fontes de energia alternativas mais tradicionais.

Os principais problemas das usinas nucleares, segundo seus detratores, são as chances de uma catástrofe como aconteceu na Ucrânia e no Japão e o que fazer com os resíduos. Esses dois itens foram / são assustadores o suficiente para colocar a energia nuclear fora do jogo, mas a opinião pública parece estar mudando novamente.

A França tem um programa nuclear muito bem-sucedido, assim como a Finlândia e as pessoas estão começando a se perguntar se alguns países têm espaço suficiente para serem cobertos com todos os parques eólicos e painéis solares de que precisariam para administrar uma economia moderna que está pautada no consumo de energia.

Talvez a energia atômica gerada por novas usinas nucleares possa ser parte da solução, afinal. A tecnologia de reatores nucleares avançou muito desde os primórdios da energia atômica.

Os resíduos nucleares radioativos ainda são um grande problema que precisa ser superado. Até agora, e no futuro visível, os governos estão apenas encapsulando os resíduos para torná-los muito seguros, na esperança de que, no futuro, algum método seja descoberto para torná-los totalmente inofensivos. Essa é a sua "política".

Certamente os futuros cientistas encontrarão uma solução, mas é moralmente justificável produzir material tão tóxico e deixá-lo para as gerações futuras resolverem por nós? Certamente eles terão seus próprios problemas para lidar e nós realmente queremos ser um deles?

Os países tentaram enterrar seus resíduos radioativos nas montanhas, jogá-los no mar e até vendê-los a países pobres, mas essas não são soluções reais. O fato é que ninguém quer viver perto de um depósito de resíduos nucleares porque ninguém confia mais no que o governo nos diz. Eles foram pegos mentindo com muita frequência em questões muito menos importantes.

Infelizmente, mudamos tarde demais para termos muitas opções restantes. Os combustíveis fósseis estão se esgotando rapidamente; os governos, que controlam onde a maioria desses combustíveis está, são instáveis e podem em breve se tornar hostis ao Ocidente; o preço da energia é tão alto que muitas pessoas estão sofrendo e o meio ambiente global já está gravemente danificado por nossa poluição, causando mudanças climáticas.

Trinta anos atrás era a hora de deixar isso, agora estamos muito atrasados e precisamos agir agora mesmo. Parece que a construção de usinas nucleares fará parte do programa - terá que ser - e que seremos condenados por gerações adiante por termos deixado nossa bagunça por limpar.

9. APROVEITANDO O PODER DO SOL PARA PRODUZIR ELETRICIDADE SOLAR

Energia grátis ... Que sonho, hein? Um dos maiores encargos domésticos é o custo da energia. O custo da energia é, frequentemente, 40% do total das contas domésticas. Portanto, a energia grátis ajudaria todas as famílias que não são muito ricas. No entanto, a energia grátis é uma ilusão, não é? Há energia alternativa, que não é baseada em combustíveis fósseis, como a energia nuclear, mas isso também não é barato.

Outras fontes alternativas de energia incluem turbinas eólicas e energia solar. Neste artigo, quero falar sobre como aproveitar o poder do sol para produzir eletricidade solar. Criar energia solar não é novidade e a maioria das pessoas está familiarizada com a teoria geral de como o sistema funciona. De fato, a maioria de nós possuiu uma calculadora de bolso ou um relógio movido a energia solar em algum momento.

A eletricidade solar é tão boa e tão forte quanto a eletricidade gerada convencionalmente e pode ser usada exatamente para os mesmos fins. No entanto, a energia solar tem uma enorme vantagem; não é "suja".

A eletricidade criada a partir da energia do sol não foi feita criando qualquer poluição. Além disso, como não há partes móveis em um painel solar, não há desgaste e, portanto, menos reparos.

Os sistemas de painéis solares também são mais adaptáveis. Por exemplo, se você tem uma pequena casa com alguns eletrodomésticos, ainda precisa ter o mesmo método de fornecimento de eletricidade da rede elétrica que uma casa enorme e ainda precisa ter um sistema de medição e um meio de pagar pela eletricidade usada.

No entanto, se você tomar a mesma casa pequena como exemplo, poderá descobrir que dez painéis solares a farão funcionar. Portanto, por um pagamento único, você está livre dos postes de eletricidade e seus cabos, da caixa do medidor e das contas mensais. Uma casa enorme só teria que caber mais painéis, digamos cem, para alcançar a mesma liberdade.

Essa liberdade dos meios de fornecimento de eletricidade é uma vantagem muito real se você mora em um lugar remoto, onde se espera que você pague pelos postes de eletricidade e seus cabos por conta própria. O lado negativo do uso de energia solar é o custo de sua instalação. Um sistema de energia solar instalado profissionalmente pode custar cerca de US$ 30.000.

Se você economizar US$ 200 por mês em eletricidade, recuperará seus gastos em cerca de 300 meses, ou seja, 12,5 anos. No entanto, se você pudesse instalar o sistema de forma mais econômica, recuperaria seus custos mais rapidamente.

Isso é possível, montando os painéis solares e instalando-os você mesmo. Não importa que tipo de pessoa desajeitada você pensa que é, você pode montar e instalar o kit comum de painéis solares. De fato, a maioria dos adolescentes pode dar conta do trabalho.

Se você decidir comprar kits de painéis solares para

montar você mesmo, você pode economizar cerca de metade do investimento acima, mas se você fosse fazer os painéis a partir de peças facilmente obtidas em lojas de bricolagem, você poderia estar aproveitando o poder do sol para fazer energia solar por até 75% do custo de uma instalação profissional.

10. CONSTRUINDO SEUS PRÓPRIOS PAINÉIS SOLARES

Todo mundo hoje em dia está ciente dos problemas das mudanças climáticas, ou como os cientistas costumavam chamar, aquecimento global. Parece que mesmo aquelas pessoas que se autodenominam especialistas não sabem o que está acontecendo. Não é muito animador. No entanto, o que todos sabem, mesmo sem os chamados conselhos de especialistas, é que a taxa de aumento do uso de combustíveis fósseis é insustentável, o que significa que os preços vão subir e que parece que o Ocidente está na ladeira abaixo.

Então, o que podemos fazer a respeito? As pessoas estão procurando orientação e ajudam a reduzir sua dependência de fontes convencionais de energia, como a rede elétrica nacional e o posto de gasolina, mas essas pessoas estão relutantes em dar qualquer conselho real para não perderem o controle sobre a sociedade.

As pessoas estão começando a querer se tornar menos dependentes dos fornecedores tradicionais de energia e gostariam de tornar-se independentes. Lamentavelmente, a maioria das pessoas não sabe a quem recorrer para pedir conselhos, mas elas têm uma ideia imprecisa sobre a instalação de seus próprios painéis solares.

No entanto, sem qualquer subsídio ou recomendações governamentais facilmente compreensíveis, as pessoas são deixadas a fazer o seu melhor, sozinhas. E o fato é que a instalação profissional de seus próprios painéis solares é cara. Custa milhares de dólares, euros ou libras, onde quer que você esteja, e é por isso que algumas pessoas estão procurando um sistema de energia solar faça-você-mesmo (DIY).

Infelizmente, sem qualquer orientação adequada, os painéis solares caseiros dificilmente acenderão uma lâmpada de baixa energia ao sol do meio-dia. Uma maneira melhor é comprar um kit de automontagem de uma empresa decente e montá-lo você mesmo, seguindo as instruções deles. Afinal, todos sabemos que o componente de mão de obra de qualquer trabalho é muitas vezes igual ou superior ao custo das peças que estão sendo instaladas. Estes kits vêm com tudo o que você precisa para instalar seus próprios painéis solares.

Estes kits de energia solar de automontagem são bem montados e as instruções são tipicamente bem escritas e fáceis de seguir. No entanto, vale a pena comprar de uma das grandes empresas mais conhecidas, como a GE, mas você pode fazer isso em um site especializado em sistemas de energia sustentável doméstica.

Você pode querer transformar a montagem de algumas de suas próprias unidades de energia solar em um empreendimento familiar, porque isso ensinará os membros mais jovens da família sobre o valor da conservação de energia e os apresentará à eletrônica.

Esses sistemas de painéis solares domésticos são completamente expansíveis, para que você não precise se privar daquela nova máquina de lavar louça, embora seja um fato que os aparelhos modernos estejam usando menos energia do que seus equivalentes mais antigos.

Imagine se você tivesse um banco de seus próprios painéis solares e se tornasse 50% independente da rede elétrica nacional. E então você adicionasse mais alguns painéis quando tivesse tempo e, no logo, se tornasse totalmente independente da rede elétrica! E então você começasse a adicionar mais alguns e, na verdade, estivesse vendendo eletricidade de volta à rede elétrica. Tudo isso é possível quando você tem seus próprios painéis solares.

11. UM SISTEMA ELÉTRICO DE PAINEL SOLAR É ADEQUADO PARA VOCÊ?

Até aproximadamente cem anos atrás, no Ocidente, as pessoas só recorriam à energia renovável para aquecimento e luz para suas casas. Eles queimavam madeira e às vezes carvão ou turfa (OK, combustíveis fósseis) e se levantavam quando o sol nascia e iam para a cama com o sol também. Na verdade, uma grande parte da população mundial ainda vive assim.

As coisas mudaram com a indústria mecanizada e os turnos noturnos. Os fornecedores de eletricidade convenceram a população de que podiam fazer mais em vez de apenas dormir quando escurecia, e a população ocidental ficou viciada em comprar grandes quantidades de energia, principalmente eletricidade e combustível para motores, que geralmente era produzido a partir de petróleo e carvão.

Essa ideia logo viajou pelo mundo e com o aumento da prosperidade veio a emulação e outros países queriam o mesmo. Agora estamos na triste situação em que temos que confessar que pegamos o tem do combustível fóssil até a última parada sem pensar no que usaríamos quando os combustíveis fósseis acabassem.

É aqui que entra o cidadão comum. Você tem que pensar em como deseja extrair energia no futuro. Você quer ser alimentado pela contínua extração de recursos não renováveis para fora do planeta ou quer ter o mínimo possível a ver com isso? Você prefere ter tudo o que tem agora, mas saber que os recursos que estão alimentando seu estilo de vida são renováveis?

Se, como milhões de outras pessoas ao redor do mundo, você preferisse dizer 'Não!' aos métodos tradicionais de produção de energia, então você tem que tomar uma posição. Mas não apenas em palavras, você realmente tem que fazer algo sobre isso concretamente.

Isso significará pagar muito dinheiro adiantado, o que pode não ser um problema para você ou você pode até pensar que para tomar uma atitude vale a pena procurar um empréstimo bancário. Esses são sentimentos louváveis, mas gostaria de sugerir que existe outro caminho para a autossuficiência.

Você pode fazer o seu próprio!

Por que não? A tecnologia existe há décadas e é bastante fácil. A maioria doas adolescentes razoavelmente competentes podem transformar um banco de células fotovoltaicas em um painel solar e, em seguida, conectá-lo ao sistema elétrico da sua casa. E se um adolescente pode lidar com isso, você também pode. Tudo o que você (e o adolescente) precisarão é de um kit de painel solar e um diagrama esquemático. Um plano, em outras palavras.

Um kit de painel solar pode ser comprado localmente em uma loja de bricolagem ou na Internet. Um painel solar típico levará algumas horas para ser montado e produzirá 100 watts de energia elétrica. A eletricidade produzida a partir desses painéis é então passada por um conversor que muda a corrente de CC para CA, tornando-a utilizável por eletrodomésticos e pela rede elétrica.

Faça a si e ao planeta uma boa mudança, saia da rede elétrica e comece a economizar dinheiro e os recursos do planeta, você ficará surpreso com a facilidade de começar. E não se esqueça, você pode fazer isso em etapas de, digamos, um painel de 100 watts por mês até atingir a autossuficiência. Não é uma questão de 'Tudo ou Nada'.

12. É HORA DE UTILIZAR ENERGIA SOLAR RENOVÁVEL

A própria vida de todos os seres vivos na Terra depende do sol. Sem o sol, não teríamos vida animal ou vegetal, o que nos fornece comida e companheirismo. Sem o sol, teríamos morrido muito antes, sem o sol hoje em dia, podemos durar um tempo, mas não seria uma vida muito boa.

O sol também nos dá muito mais. O que hoje chamamos de "energia alternativa e sustentável" foi o único tipo de energia disponível no mundo por milhares de anos. De fato, a energia nuclear e até a energia gerada pelo petróleo é que deveriam ser chamadas de alternativas, mas esquecemos muita coisa. Particularmente no Ocidente.

Não é necessário voltar aos hábitos de nossos ancestrais agricultores e se levantar e ir para a cama com o sol, embora ainda seja o modo de vida da maioria dos habitantes do mundo. Não, temos tecnologia e devemos usá-la. No momento, usamos tecnologia sofisticada para encontrar mais reservas de petróleo e cavar cada vez mais fundo em lugares cada vez mais inacessíveis para removê-lo da Terra. Ou pior ainda, vamos à guerra para roubar ou garantir suprimentos, causando a morte de milhares de jovens soldados e a miséria de milhões de cidadãos comuns e inocentes.

Precisamos usar nossos fantásticos avanços em tecnologia para produzir eletricidade a partir do nada. Literalmente. Já temos a tecnologia para produzir painéis solares e turbinas eólicas, a fim de criar milhões de quilowatts de eletricidade a partir do sol e do vento. Existem outras tecnologias que podem fazer uso do movimento dos mares e do calor natural da própria Terra, embora algumas delas só sejam acessíveis em algumas áreas. Por exemplo, o poder das ondas só pode ser aproveitado se você morar na costa.

No entanto, a energia solar e a eólica podem ser usadas em qualquer parte do mundo com diferentes níveis de sucesso. Uma combinação das duas variedades de geradores de energia é provavelmente melhor para a maioria das áreas. Essas tecnologias foram desenvolvidas de forma mais ou menos caótica. E se tivéssemos gasto nossos cofres de guerra de bilhões de dólares no progresso dessas tecnologias, em vez de usá-las para destruir cidades e matar pessoas?

No entanto, a tecnologia existe para gerar eletricidade suficiente para fazer funcionar uma casa. É óbvio que não podemos esperar que nossos governos façam muito mais por nós. Seu ponto de vista não é o mesmo; eles não querem prejudicar as grandes empresas. E os grandes fornecedores de eletricidade seriam prejudicados se um número substancial de pessoas gerasse sua própria eletricidade e saísse da rede elétrica.

Os representantes ricos no governo estão presos entre a cruz e a espada. Eles reconhecem que o petróleo está acabando; eles sabem que muito mais eletricidade terá que ser produzida a partir do vento e do sol, mas eles não querem prejudicar o valor das ações da grande indústria.

Imagine, que dificuldade os fornecedores de energia teriam em explicar a razão do custo da eletricidade ter que subir porque o sol ou o vento haviam aumentado suas tarifas. Considerando que é simples explicar quando dizem que a OPEP aumentou o preço do petróleo. Mas, estamos na OPEP, não estamos?

13. ILUMINAÇÃO ALIMENTADA POR ENERGIA SOLAR

A humanidade deseja a luz. Nós, humanos, dependemos da luz, ao contrário de algumas outras espécies. Nosso mundo inteiro existiu apenas à luz do dia por milhões de anos. Acordávamos com a luz do sol e íamos dormir quando o sol se punha. Depois, aprendemos a produzir nossa própria luz, mas não fomos totalmente bem-sucedidos nisso até começarmos a usar eletricidade para produzir luz.

Isso funcionou bem por quase cem anos, mas agora sabemos que o principal combustível usado para produzir nossa eletricidade, ou seja, o petróleo, está se tornando muito complicado de obter e mais e mais guerras estão sendo travadas para garantir o suprimento de petróleo do Ocidente.

Não só isso, mas riscos cada vez maiores estão sendo assumidos pelas empresas petrolíferas, o que levou a mais e mais catástrofes como a da plataforma de águas profundas ao largo da Louisiana, nos EUA.

Portanto, chegou a hora, alguns até dizem que está muito atrasado, de dependermos de uma fonte de energia diferente e menos do petróleo. A maneira mais fácil e menos arriscada de produzir eletricidade no momento parece ser a energia solar. A tecnologia está conosco há décadas, mas não era prático para as famílias usá-la porque era muito cara, mas isso não é mais verdade.

A capacidade de usar a energia solar para produzir eletricidade para a nossa iluminação e, na verdade, todas as nossas necessidades, já está disponível. A única dificuldade é que há muitos barões do petróleo bilionários que não veem esse avanço como sendo de seu interesse. E têm razão, de certa forma, não é do seu interesse egoísta diminuir a nossa dependência do petróleo, mas é do interesse do planeta e da sua população. Essa é a situação da humanidade no momento.

Os painéis solares podem ser utilizados para produzir eletricidade para uso imediato dentro ou fora de casa e o excedente gerado pode ser armazenado em baterias ou devolvido à rede elétrica pela qual você será remunerado (e recompensado a uma taxa muito alta, em alguns países).

Se você ainda não quiser sair da rede elétrica, ainda pode usar painéis solares para acender algumas de suas luzes externas. De fato, há muitas opções de iluminação externa que fornecem sua própria energia.

Essas luzes externas usam mini painéis solares, que o fabricante incorporou ao invólucro da lâmpada para criar energia da luz solar durante o dia e, em seguida, armazená-la em baterias internas para serem usadas posteriormente.

Essas lâmpadas também têm a capacidade de acender a luz com a energia da bateria do anoitecer até o amanhecer. A unidade solar determina se deve carregar as baterias ou fornecer luz pela intensidade da luz ambiente. Esta configuração de energia solar é ideal para iluminação de segurança externa e iluminação de destaque no jardim. Eles são perfeitos para iluminar o lago de peixes ou o caminho também.

A iluminação exterior com energia solar já percorreu um longo caminho e vale a pena descobrir mais, se quiser diminuir a sua dependência da eletricidade produzida por petróleo da rede elétrica.

14. POUPAR ENERGIA - POUPAR DINHEIRO

Os preços da energia vão subir no longo prazo, todos nós percebemos isso. É apenas um alívio temporário, quando o preço de um barril de petróleo cai de US$ 150 para US$ 75, todos sabemos que ele voltará a subir. Além da ganância humana empurrando o preço para cima, há mais de três bilhões de pessoas na Ásia, todas querendo melhorar seus estilos de vida para o que veem o Ocidente desfilando em seus filmes e novelas de TV. E isso nem inclui a África e a América do Sul. Não importa o petróleo que ainda não foi descoberto sob o solo do globo, não é suficiente.

Então, o que você pode fazer a respeito? Usar menos é uma resposta óbvia, mas é difícil desistir de algo que você tem desde que nasceu ou se acostumou por um longo tempo. Não é tão fácil assim. Podemos esperar ver equipamentos que usarão menos energia do que agora. Isso vai ajudar, mas a tecnologia ainda está sendo desenvolvida. A única opção que resta é ter muito mais cuidado com a energia à nossa disposição. Apagar as luzes é a forma mais simples desta forma de poupar energia.

A longo prazo, o governo terá que estabelecer padrões para os fabricantes, incluindo, e, na verdade, especialmente para os construtores de casas. Quase 50% dos orçamentos de combustível doméstico vão para aquecimento e refrigeração. Os painéis solares embutidos no telhado ajudariam muito, mas ainda são muito caros para a maioria das pessoas no momento. Esses itens devem ser acessíveis aos proprietários e devem ser incorporados em todas as novas casas.

Os painéis solares podem ser utilizados para: ligar dispositivos, para colocar energia de volta na rede elétrica, se não houver necessidade local imediata, ou para recarregar baterias para ligar equipamentos mais tarde, como luzes de baixa potência, um carro híbrido ou uma scooter elétrica. Isso significaria uma enorme economia de energia pessoal e nacional, mas a energia do sol pode fazer mais do que isso.

Os aquecedores solares podem ser usados para

aquecer o ar e a água. Isso eliminaria principalmente a necessidade de queimar combustíveis fósseis e gás natural. Eu digo reduzir em grande parte, não eliminar, mas seria uma economia enorme novamente. Não se esqueça de que quase 50% do orçamento de combustível doméstico vai para aquecimento e resfriamento e com o 'aquecimento global' ou 'resfriamento global', ou o isento, sentado em cima do muro 'mudança climática global', esse percentual só pode aumentar.

A energia geotérmica (tirar calor do solo) provavelmente não é uma alternativa para todas as áreas, mas é uma fonte de energia que dificilmente foi tocada na maioria dos países. Acredito que a Groenlândia e a Austrália são líderes mundiais nessa tecnologia, e seus climas parecem estar tanto em extremos opostos da escala quanto suas localizações estão em extremos opostos do planeta. Deve haver mais que poderia ser feito com essa tecnologia.

Enquanto isso, temos que fazer o que pudermos. Temos que nos reeducar para ter mais cuidado com a energia e temos que ensinar nossos jovens desde cedo a ter cuidado com ela também. Use lâmpadas fluorescentes energeticamente eficientes sempre que puder. Se precisar de mais luz para ler ou trabalhar, compre uma luminária de mesa. Desligue as coisas quando elas não estiverem em uso. Esperar foi uma ótima ideia, mas não é mais.

Os itens em stand-by continuam consumindo eletricidade e não apenas um pouquinho para manter a luz vermelha acesa. Carregadores para telefones celulares, etc., consomem energia mesmo quando não há nada conectado a eles para carregar. Retire-os da tomada quando não estiverem em uso. Integre os seus sistemas de aquecimento e refrigeração. Há muito que você pode fazer para economizar energia e dinheiro, se você se dedicar a isso.

15. A MELHOR MANEIRA DE SAIR DA REDE ELÉTRICA

Eu não sei se você já pensou nisso, mas você pode sair da rede elétrica. A rede elétrica, isso mesmo. Você está interessado nisso? Para algumas pessoas, sair da rede elétrica é o Santo Graal da vida moderna. Todos nós acreditamos que estamos sendo ordenhados pelas empresas de energia e nossos soldados estão sendo mortos diariamente para garantir o suprimento de petróleo do Ocidente.

Se a mesma quantidade de dinheiro fosse investida no desenvolvimento de tecnologias alternativas, não teríamos que importar tanto petróleo, mas isso significaria menos lucros para os patrões da energia também. Então, o cara comum na rua perde para os ricos magnatas do petróleo e as pessoas são exploradas por dinheiro e pessoas morrem de ambos os lados.

Você não pode confiar nessas pessoas para ajudá-lo a usar menos energia, não é do interesse delas. A única coisa que você pode fazer é pegar o touro pelos chifres e resolver você mesmo. Saia da rede elétrica, economize dinheiro a longo prazo e ajude a salvar o planeta e nossos soldados também.

Muitas vezes presume-se que a autossuficiência em energia é apenas para geeks, mas isso não é verdade, agora está dentro dos limites de todas as famílias ou lares. Se você tiver muito dinheiro, um sistema movido a energia solar ou eólica custará cerca de US$ 45.000 e levará cerca de dez anos para recuperar seu investimento saindo da rede elétrica. No entanto, você pode ter o mesmo aparelho por muito menos da metade dessa soma.

O fato é que a tecnologia avançou rapidamente no campo da energia solar, como em todas as outras esferas tecnológicas. O sol escaldante não é mais essencial para criar um fluxo constante de eletricidade e os preços caíram. No entanto, os preços da mão-de-obra subiram e compensaram excessivamente esta queda. Aqui está a sua oportunidade.

Não é difícil fazer seus próprios painéis solares e os componentes são facilmente obtidos mesmo em cidades pequenas. O mesmo vale para sistemas que criarão eletricidade a partir do vento ou da água. O truque é obter um diagrama detalhado para construir seus painéis solares ou outros equipamentos.

Esses designs estão facilmente disponíveis online em sites especializados e os componentes estão disponíveis em lojas de bricolagem. Uma vez implantadas suas fontes de energia sustentável, eles são praticamente livres de manutenção, embora você possa ter que reabastecer as baterias com ácido sulfúrico ou água destilada.

Viver fora da rede elétrica é uma sensação magnífica. Saber que você está fora do alcance dos barões do petróleo traz mais liberdade e, da próxima vez que houver um corte de energia ou um aumento de preço, você pode apenas sorrir e esquecer, porque estará vivendo fora da rede elétrica.

Energia Renovável

66

16. TURBINAS EÓLICAS - POR QUE NÃO CONSTRUIR A SUA PRÓPRIA?

Qual é a sua primeira impressão das turbinas eólicas? Você acha que as pessoas que os fazem devem ser técnicos altamente qualificados que estudaram por anos?

O que você diria se um de seus vizinhos dissesse que montaria suas próprias turbinas eólicas para produzir sua própria eletricidade?

O fato é que não é realmente muito difícil fazer uma turbina eólica. Você certamente não precisa ter ido à universidade para fazer isso e também não precisa ser um eletricista amador. No entanto, você precisará de um bom plano para montar uma turbina eólica eficaz.

Existem várias fontes de planos para turbinas eólicas. Você pode ir a uma loja especializada em eletrônica e materiais para "hobbies", a um armazém de bricolagem ou à Internet. Se você pesquisar na Internet, procure um site especializado em tecnologia de energia alternativa.

Após ter um manual, guia ou desenhos para fazer turbinas eólicas, você deve estudá-lo bem e tirar todas as dúvidas em fóruns na Internet.

Se você acredita que estou exagerando o quão simples é construir uma turbina eólica, não se esqueça de que as pessoas constroem moinhos de vento e bombas de água há centenas de anos sem a vantagem de ferramentas elétricas ou materiais modernos.

A única diferença entre esses primeiros dispositivos e uma turbina eólica, para produzir eletricidade, é a adição de fiação e uma bobina, que você comprará de qualquer maneira.

O básico da construção de uma turbina eólica envolve a construção de uma torre para colocá-la; a instalação de baterias para absorver a energia gerada; o ventilador e os conjuntos para a cauda. As ferramentas que você precisará para conseguir isso também são bastante básicas: ferramentas de assentamento de tijolos, ferramentas de carpintaria e algumas chaves inglesas, mas isso realmente depende de quanto você terceiriza.

Você quase certamente terá que comprar a turbina, o ventilador e a seção traseira na totalidade, porque, se você quiser uma unidade de alta potência, esta seção terá que ser profissional, não que não possa ser fabricada localmente.

Você também poderá fazer a manutenção sozinho, se quiser. Essas pás do ventilador podem ter 1,2 metro de comprimento cada, o que é algo que você deve ter em mente ao construir sua torre.

Você pode precisar de um pouco de assistência profissional ao construir sua primeira turbina eólica, mas use a experiência para aprender o máximo que puder, para poder ser mais independente da próxima. Você pode até transformar a experiência em uma profissão, porque há uma escassez crônica de pessoas que sabem alguma coisa sobre turbinas eólicas.

Energia Renovável

17. APRENDA A FAZER PAINÉIS SOLARES

Muitas pessoas estão cansadas da escalada do custo da eletricidade, mas não sabem o que podem fazer a respeito. Eles desligaram as luzes; eles não acenderam as luzes; eles têm dispositivos desconectados em stand-by e eles desligaram o aquecimento central e o ar condicionado e isso só economizou centavos. No entanto, ainda assim, as contas de eletricidade aumentam regularmente. É muito irritante.

Todos nós já ouvimos falar de fontes alternativas e sustentáveis de energia, mas a questão é: como as pessoas comuns podem implementar essas tecnologias em suas próprias casas? Um telefonema para uma empresa profissional de instalação de energia solar convencerá qualquer pessoa de que a energia solar é apenas para os ricos.

Da mesma forma com a geração de energia eólica.

Um único dispositivo, que pode ou não satisfazer os requisitos elétricos de uma família média, custará cerca de US$ 45.000 e acredita-se que, se atender às aspirações, se pagará por após dez anos. US$ 45.000 é muito dinheiro para a maioria dos indivíduos, mas ter que esperar dez anos para perceber que o investimento também é muito longo para a maioria das pessoas.

Então, à primeira vista, parece que a pessoa comum está à mercê das empresas petrolíferas e dos geradores de eletricidade. Mas não é necessário que assim seja. Existem outras maneiras de resolver o problema e se livrar das garras dos fornecedores de energia.

A primeira técnica seria comprar as unidades de energia solar e instalá-las você mesmo. Isso pouparia muito, talvez até 50%. Mas você poderia ir um pouco mais longe e fazer os painéis solares você mesmo também, o que economizaria muito mais dinheiro.

O fato é que quanto mais de seu próprio trabalho você puder colocar no esquema, mais você economizará, porque a mão-de-obra o em qualquer tarefa geralmente equivale a cerca de 50% dos custos. Todos sabemos como é caro chamar um encanador para consertar um cano com vazamento ou um telhadista para substituir uma telha. US $ 100 por uma ardósia? US$ 100 por uma gota de solda? Não, é a hora do comerciante e o mesmo se aplica aos instaladores de painéis solares.

A saída é aprender a fazer as unidades de energia solar e instalá-las você mesmo. Não é difícil. Qualquer adolescente pode aprender a fazer isso e você também. Acredite em mim, aprender a montar e instalar painéis solares não é difícil. Experimente agora e veja por si só. Você vai surpreender-se e a seus amigos. Você pode até transformá iss em um negócio!

A coisa a fazer é obter um kit de qualidade ou um plano de uma fonte confiável. Pode ser uma loja de ferragens ou de lojas especializadas em eletrônica e materiais para "hobbies" do bairro, ou de um site especializado na Internet. Após ter seu design, você pode comprar as peças de equipamento. Eles são comuns e estão disponíveis na maioria das lojas de bricolagem. Então você levará cerca de um dia para fazer um painel solar que fornecerá cerca de 100 watts.

Isso pode não parecer muito, mas alimentará muitos tipos de máquinas pequenas ou duas lâmpadas médias. O truque é continuar aumentando o seu banco de painéis solares até que você esteja totalmente livre da rede elétrica ou até mesmo vendendo eletricidade de volta.

18. O QUE SABER ANTES DE COMPRAR ELETRICIDADE SOLAR RESIDENCIAL

A substituição da eletricidade criada convencionalmente por eletricidade feita a partir de recursos renováveis ou diferentes é agora uma alternativa viável para muitas pessoas no mundo ocidental. O principal obstáculo é o desembolso inicial, e é por isso que a eletricidade solar ainda não é um assunto viável na maioria dos outros países mais quentes.

O fato é que instalar painéis solares para tirar sua casa da rede elétrica é muito mais barato do que era há dez anos, mas ainda não é barato. Alguns países introduziram programas de incentivo, que são bons até certo ponto, mas muitas vezes eles são projetados para a classe média, que não é um segmento da sociedade tão grande quanto a classe baixa, e que pode pagar por sua própria eletricidade de qualquer maneira. Esses programas deixam a maioria dos membros da sociedade ainda presa à rede elétrica. O novo programa britânico (FITS) é assim.

Outros países têm as chamadas "Opções Verdes", o que significa que você pode decidir obter energia apenas de produtores de eletricidade vinda de recursos renováveis, o que é ótimo, mas o usuário final continua preso no sistema de estar na rede elétrica e estar sujeito a aumentos de preços e cortes de energia.

Se você realmente quer sair da rede elétrica, acabar com as contas mensais e recuperar sua liberdade dos gananciosos fornecedores de eletricidade, você precisa adotar uma abordagem radical. O primeiro passo é trabalhar suas necessidades elétricas.

Determinar o mês mais frio e o mais quente e use o mais caro acrescido de 10% como sua meta. O fato é que você pode levar anos para sair da rede elétrica e, até lá, os equipamentos da linha branca estarão usando menos eletricidade do que agora. Você também pode vender seu excedente de eletricidade de volta à rede elétrica para a verdadeira felicidade.

O custo da instalação profissional de sistemas de

energia solar pode ser proibitivo e levar doze anos ou mais para ser recuperado, mas se você montar e instalar seu próprio banco de painéis solares, poderá reduzir mais da metade desse valor. De fato, é possível diminuir o custo em até 75%, se você estiver disposto a montar e instalar os painéis solares sozinho. Esta é uma tarefa que os adolescentes mais capazes podem fazer, com os desenhos ou esquemas certos.

A melhor maneira de fazer isso é ler o máximo que puder sobre o assunto, porque existem vários caminhos que você pode seguir. Os principais, usando painéis solares ou outras técnicas de eletricidade renovável, são: permanecer conectado à rede elétrica, usando sua própria eletricidade primeiro e vendendo de volta qualquer excedente; permanecer conectado, mas enviar eletricidade excedente para suas próprias baterias, que podem ser um carro elétrico; ou você pode sair da rede elétrica completamente.

O objetivo final, a meu ver, é abastecer minha casa com toda a eletricidade caseira de painéis solares de que preciso, recarregar as baterias do meu carro híbrido da mesma fonte e revender qualquer excedente de volta à rede elétrica.

Que sonho!

Owen Jones

19. PAINÉIS SOLARES PARA ENERGIA RESIDENCIAL OU COMERCIAL

É quase meio-dia na batalha da energia. O petróleo, o material usado para produzir a maioria da eletricidade do mundo, está se tornando muito caro para criar eletricidade para consumo doméstico. Mesmo que você ache que ainda existem reservas de petróleo, o que pode ser verdade, a principal razão pela qual eles ainda não foram explorados é porque é muito caro de extrair. A única coisa que o torna uma preocupação relevante é o alto preço do petróleo no mercado.

Portanto, é lógico que os preços do petróleo não podem cair a longo prazo, o que significa que nossos preços da eletricidade e da gasolina permanecerão altos e quase certamente continuarão subindo. Acrescente a isso que as indústrias estão se movendo para o Extremo Oriente e a imigração está aumentando, e o resultado é salários mais baixos no Ocidente. A probabilidade é que o salário médio nacional não aumente tão rapidamente quanto o preço da energia.

Então, o que você pode fazer a respeito? Bem, embora os preços das commodities devam continuar subindo, uma coisa sempre continuou caindo: o custo das novas tecnologias. Ou, para ser mais preciso, tecnologia um pouco antiga. A tecnologia de ponta é sempre cara, mas depois de alguns anos o preço cai, como vimos com computadores desktop e como estamos vendo com laptops agora.

A mesma tendência está em funcionamento com os painéis solares. Eles são muito menos caros agora do que eram há alguns anos e também são muito mais eficientes. E você sabia que as brocas e peças usadas para fazer painéis solares podem ser compradas das lixeiras de plástico na maioria das lojas de bricolagem, lojas especializadas em eletrônica e materiais para "hobbies", como a Radio Shack? Se você soubesse o que comprar, poderia literalmente sair e trazer pedaços suficientes para fazer alguns painéis solares na próxima vez que sair para comprar pão.

Então, por que não estamos fazendo isso? Não

sabíamos que isso era viável? Ninguém nos contou? Não temos uma mentalidade tecnológica? Não temos a habilidade?

Ok, todos esses motivos parecem válidos. Ninguém nos disse, mas a verdade é que é simples fazer painéis solares e não é mais tão caro. As instalações profissionais ainda são terrivelmente caras - cerca de US$ 45.000 -, mas você pode fazer isso sozinho. Existem duas abordagens que você pode adotar.

Você pode obter um diagrama esquemático, um plano, de uma loja lojas especializadas em eletrônica e materiais para "hobbies" ou da Internet, comprar as peças e fazer seu painel ou pode comprar um kit de automontagem. Sinceramente, existem kits sobre os quais os adolescentes podem montar tão facilmente quanto um avião modelo de plástico. 'Localize e insira o número da peça 44 na placa principal número 3' - esse tipo de simples.

Se você é novo no mundo da energia solar, então você pode estar se perguntando como os painéis de energia solar funcionam. Os painéis de energia solar também são conhecidos como painéis fotovoltaicos; fotovoltaico significa eletricidade a partir da luz. Os painéis de energia solar funcionam coletando prótons do sol, que desalojam nêutrons e, assim, geram um fluxo de elétrons ou eletricidade. Essa eletricidade pode ser armazenada em baterias para uso posterior ou usada diretamente.

Você pode utilizar painéis solares para aquecer sua piscina, executar suas ferramentas de oficina, alimentar as luzes de estufa e os ventiladores ou, se o seu sistema for grande o suficiente, substituir a eletricidade da rede elétrica em toda a sua casa ou empresa. A maioria dos painéis de energia solar deve durar mais de 20 anos, mas envolve pouca ou nenhuma manutenção.

Há uma queda do fornecimento de energia após cerca de 10 anos de cerca de 10%, mas ao longo da vida útil dos painéis solares, as economias de energia feitas são suficientes para recuperar o custo inicial do sistema e muito mais. Além disso, os custos estão caindo enquanto os preços da energia estão subindo. Já faz sentido econômico mudar para a energia solar.

20. PRINCIPAIS DICAS DE ECONOMIA DE ENERGIA

No mundo de hoje, o imperativo de conservar energia e adotar práticas sustentáveis é mais premente do que nunca. Não só contribui para um meio ambiente mais saudável, mas também pode levar a economias significativas de custos. Se você é proprietário de uma casa, proprietário de uma empresa ou simplesmente alguém que se preocupa com o planeta, a implementação de medidas de economia de energia pode ter um impacto significativo. Aqui estão algumas dicas importantes para ajudá-lo na sua jornada em direção a um estilo de vida mais sustentável e energeticamente eficiente:

Atualize para iluminação LED: trocar as lâmpadas incandescentes tradicionais por luzes LED com eficiência energética é uma das maneiras mais rápidas e fáceis de economizar energia. Os LEDs usam significativamente menos eletricidade e têm uma vida útil mais longa, reduzindo suas contas de energia e a necessidade de substituições frequentes de lâmpadas.

Sele vazamentos de ar: lacunas e rachaduras em janelas, portas e paredes podem levar a um desperdício significativo de energia. Vede essas áreas com fitas ou selante para evitar que o ar aquecido ou resfriado escape. Esta etapa simples pode resultar em economias substanciais de energia ao longo do tempo.

Invista em eletrodomésticos energeticamente eficientes: quando chegar a hora de substituir os eletrodomésticos, opte por aqueles com altas classificações com alta classificação pela Energy Star. Esses aparelhos são projetados para usar menos energia enquanto executam as mesmas tarefas, reduzindo seu consumo de eletricidade.

Desconecte a Eletrônica: Muitos dispositivos eletrônicos continuam a consumir energia mesmo quando estão desligados. Combata essa "energia fantasma" desconectando dispositivos ou usando réguas de energia com interruptores liga/desliga para cortar completamente a energia quando não estiver em uso.

Otimizar os sistemas de aquecimento e resfriamento: a manutenção regular do seu sistema de climatização, incluindo a limpeza ou substituição de filtros, pode melhorar a sua eficiência. Além disso, considere instalar um termostato programável para regular as temperaturas com base na sua agenda, evitando o consumo desnecessário de energia.

Aproveite a luz natural: aproveite a luz natural durante o dia abrindo cortinas ou persianas. Isso reduz a necessidade de iluminação artificial e cria um ambiente de vida ou de trabalho mais agradável.

Utilize tecnologia inteligente: dispositivos domésticos inteligentes, como termostatos inteligentes, sistemas de iluminação e faixas de energia, permitem que você monitore e controle o uso de energia remotamente. Essa tecnologia permite que você faça ajustes em tempo real para otimizar a eficiência energética.

Opte por fontes de energia renováveis: se possível, considere instalar painéis solares ou utilizar outras fontes de energia renováveis. Isso pode reduzir significativamente a dependência de combustíveis fósseis e reduzir sua pegada de carbono geral.

Melhoria do isolamento: casas bem isoladas são mais

eficientes em termos energéticos, pois retêm o calor no inverno e mantêm os interiores mais frescos no verão. Considere adicionar ou atualizar o isolamento nas suas paredes, sótão e pisos para criar um espaço mais eficiente em termos térmicos.

Conservar Água: Embora não esteja diretamente relacionado à eletricidade, o aquecimento de água é uma despesa significativa de energia. Use acessórios de baixo fluxo, corrija vazamentos prontamente e considere instalar um aquecedor de água com eficiência energética para reduzir o consumo de energia relacionado à água.

Escolha janelas com eficiência energética: janelas de alto desempenho com vários painéis, revestimentos Low-e e preenchimentos de gás podem melhorar significativamente o isolamento da sua casa e reduzir a perda de energia.

Favoreça a ventilação natural: durante o tempo ameno, aproveite a brisa natural para refrescar sua casa ou espaço de trabalho. Posicionar estrategicamente as janelas e usar ventiladores de janela pode ajudar a circular ar fresco sem depender do ar condicionado.

Ao incorporar essas dicas de economia de energia em sua rotina diária, você pode contribuir para um futuro mais sustentável e, ao mesmo tempo, aproveitar os benefícios financeiros da redução das contas de energia. Lembre-se de que cada pequeno esforço conta e, coletivamente, podemos causar um impacto significativo na conservação de energia e na preservação ambiental.

Energia Renovável

Owen Jones

INFORMAÇÕES DE CONTATO

Facebook: AngunJones
Twitter: @owen_author
Blog: Megan Publishing Services

Este livro faz parte da série de "Como..." série de 150 manuais instrutivos de Owen Jones.
A série completa pode ser encontrada na Megan Publishing Services em:
https://meganthemisconception.com